ありのままの
自分を
愛して生きろと
人生めっちゃ
楽しくなるよ

えみ姉

宝島社

P003　# INTRODUCTION

P004　SEMINUDE SNAP

P034　自分ファーストで生きることの素晴らしさを語らせて？

P038　YO RU NO HOROYOI SANPO

P056　自分は自分の人生のプロデューサー

P061　可愛くなるための垢抜け10か条

P078　FASHION SNAP！

P086　恋愛ってそんなに人生でなくてはならない大事なもの？

P088　男運がない？ それはあなたの人間レベル

P092　REAL BASIC えみ姉の偏愛アイテム

P102　何が将来に繋がっているか、明るい未来の入り口ってどこ？
　　　　いつだって正解は分からないものだ

P106　たどりついた「自分を無理させない生き方」が今は好き

P110　えみ姉のお悩み相談室

P116　愛に飢えてた幼少期。
　　　　あの頃の私に伝えたい。「もう泣かなくていいよ」って

P120　相手の態度を変えたいときはまず自分が変わることが大事

P120　HIRU NO STREET SANPO

P150　えみ姉、結婚しました！！

P154　OFF SHOT！ OFF SHOT！ OFF SHOT！

P158　おわりに

#INTRODUCTION

私が想う、未来の夢について
すでに叶えた夢について
そして夢への向き合い方について、を
"はじめに"の言葉にかえて

言霊って絶対にある。
叶えたいことは必ず言葉に出してほしいの!

私は叶えたいこと、手に入れたい!ああなりたい!って思ったら、
必ず自分の力で手に入れたい人間なんだけど、その時に必ずすることがあって。

「いついつまでに○○になるんだよね!」とか、
期日まで決めて必然的に叶う(叶わないという選択肢はない!笑)言い方で
とにかく周りの人に言いまくる!!

周りの人には当然、「無理だろ〜」とか思われるんだけど、
そうやって苦笑いと共に否定されるほど燃える・・・。

絶対に叶えて、あなたの手のひら
ひっくり返させてやるよ〜って!　(やばいよね。笑)

でもそれで数々の山や谷を乗り越え、恵まれない家庭環境で育ち、
ホームレスだった私が今、東京で旦那と愛犬と幸せに暮らしてる。

インフルエンサーやタレントのお仕事、
やりたかった仕事でご飯を食べさせてもらってる。

どの困難もしんどくて何度も挫折しそうだったけど、
あの時無理やりにでも声に出して自分を奮い立たせたことって
今、想像してた以上の結果として叶ってるんだよね。

だからみんなにも言いたい。
絶対夢は叶うし、叶えられるものだから声に出してほしい。

誰かに冷笑されても気にするな。だって私は絶対にそれを叶えてやる!
そんな意気込みで生きていってほしい。

(SEMINUDE SNAP)

自分は自分の人生のプロデューサー
　自分の可能性を自分で諦めるな
自分の幸せを他人に委ねるな

(SEMINUDE SNAP)

(SEMINUDE SNAP)

自分を 無理させない
生き方が好き

(SEMINUDE SNAP)

(SEMINUDE SNAP)

(SEMINUDE SNAP)

失敗を失敗と思わずに、
全部経験値に変えていこ

自立心のある "価値ある女" になれ

(SEMINUDE SNAP)

(SEMINUDE SNAP)

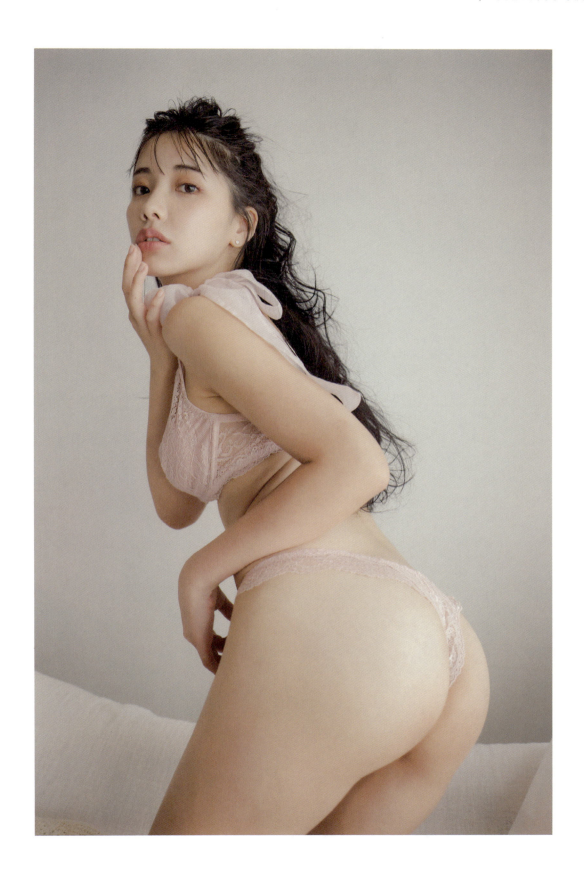

(SEMINUDE SNAP)

たくさん失敗して、
人生経験豊富になるほうが
あなたの魅力は光るの

(SEMINUDE SNAP)

(SEMINUDE SNAP)

結局、自分を幸せにできるのは
自分しかいない

(SEMINUDE SNAP)

(SEMINUDE SNAP)

#TITLE

自分ファーストで生きることの素晴らしさを語らせて？

日本人として生まれ育って28年間。

「謙虚に生きろ」

「他人への配慮を忘れるな」

「人に迷惑をかけるな」

そんな言葉を幼少期からよく言われてきた。

それゆえ、周りの目を気にしたり、人の顔色をうかがったりして生きてた。

中学、高校、社会人になり、

その言葉が知らず知らずのうちに私たちを生きづらくしていたような気がする。

「それは一体誰に向けての謙虚さ？」

「他人への配慮ってどこまで気にするべきなの？」

「誰の顔色をうかがっているの？」

今になって大人たちから言われていたその言葉の曖昧さが、

とても無責任だったな、と思える。

それじゃあ、大人になったえみ姉が、

大人代表として１つ言わせてもらうね！

「自分大好きな、自分ファースト人間で、

思いっきり自信持って生きて。」

こういうこと言うとまた、

「え？　ナルシストやん。それ自己中に生きろってこと？」

とか突っかかってくる人も多そうなんだけど、そうじゃねえんだ。

自分を大切にできる人は、

自分にとって本当に大切な人を見定められるようになる。

自分を大切にしてくれる人だけを大切にできるようになる。

そんな私に居心地の良さを感じてくれる、

質のいい人間関係だけが築ける。

そうすると他者から親切の搾取をされることもなくなるし、

自分が好きだと思える人、

親切な人しかいない生きやすい環境が広がっているはず。

この環境ってめちゃくちゃ生きやすくて、素の自分でいられるんだ。

自分と接してくれてる相手も、同じく居心地よく感じてくれてるはずなの。

EMIKO ESSAY PART 1

わざわざ他人に嫌われにいく必要もないけど、

頑張って好かれる必要もない。

何事も無理はダメ、ありのままの姿で自分を認めて生きてみよう。

そんな自分のことを愛してくれる人たちだけが

周りにいる環境を構築していこうよ。

えみ姉流 生きやすい環境の作り方

♡　飾らないこと

♡　人の顔色をうかがわないこと

♡　自分の意思をはっきり持つこと

この３つを頭の中に入れておいて。

毎日の中で、どれだけ素の自分でいられているかを

日々振り返ってみてほしいの。

素でいられる時間が増えるほど、顔つきはきっと柔らかくなってるはず。

悩み事も減って、考え方もポジティブな自分が完成してるはず。

まずはありのままの自分を認めて、

自分が自分の一番の応援者になってあげよ。

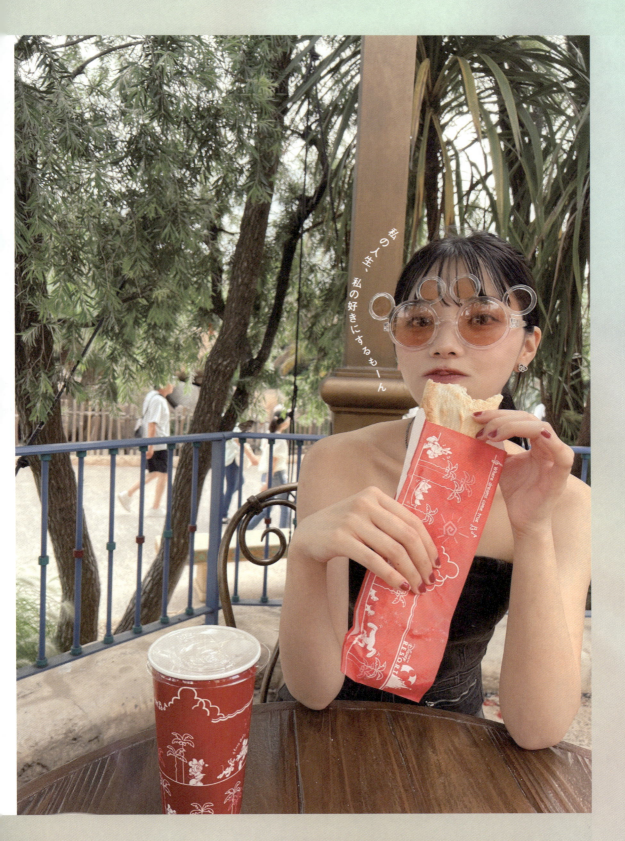

(YORU NO HOROYOI SANPO)

私のことを好きでいてくれる人だけを「大事」にすればいいのさ。嫌われ者でもいい。

(YORU NO HOROYOI SANPO)

恋愛も友情もビジネスも、お互いwin

好きな人も自分も

(YORU NO HOROYOI SANPO)

winな関係じゃなきゃダメ。

幸せにするために生まれてきた女です♡

(YORU NO HOROYOI SANPO)

20代は辛くて正解。
人生ふりかえってみたら
全部 結果オーライ！

(YORU NO HOROYOI SANPO)

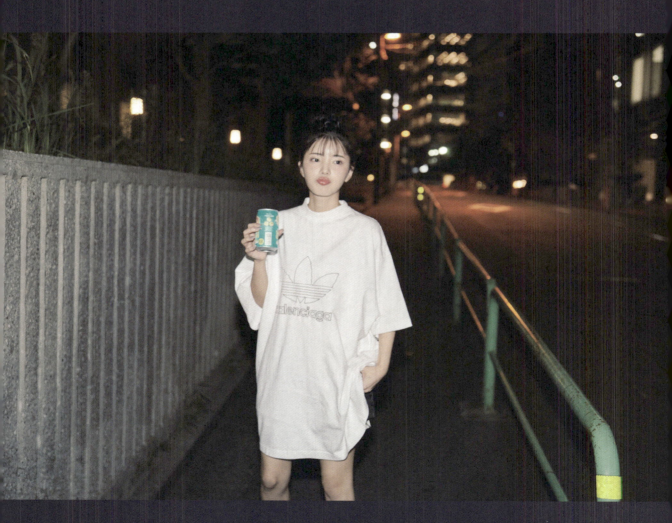

(YORU NO HOROYOI SANPO)

今流してるその涙は、将来絶対にあなたのことを強く味方してくれる

(YORU NO HOROYOI SANPO)

(YORU NO HOROYOI SANPO)

#TITLE

自分は自分の人生のプロデューサー

昔から何となく私の中にあるマインドなんだけど、

もし私がどこかの芸能事務所の大切なタレントで、

その私を担当しているマネージャーも私だったとしたら

人生という大舞台を過ごす中で

どんなふうに自分をプロデュースするんだろうって。

自分は自分の人生のプロデューサー

なんだって思ったら面白くない？

☑ 自分はどんな人になりたい？

☑ どんな商品なら欲しいって思う？

☑ どんな人の手に渡ってほしい？

☑ 雑に扱われてもいい？

☑ 見た目だけ？　機能性にもこだわる？

☑ 容姿に自信ないなら何を売りにしてみようか〜♡

みたいな！

自分を広い視野で客観的に見つめ直すことができるから、

このプロデューサー的視点を持つのは本当にオススメだよ！

例えば、ジャガイモでもキュウリでもいいんだけど（笑）、

自分が自分の生産者みたいな気持ちで、

自分と関わってみる。

ゴールは収穫するとき、

それは私は「死ぬとき」だと決めてる！

自分という人間の人生を、

一生おいしく育てていきたいよね〜って思ってる。

もちろん不機嫌で状態悪い日もあるから、その時は

プロデューサーの自分が自分の機嫌をとってあげるの。

自分の不調すら可愛く愛おしく思えてくるから最高（笑）。

自分という「良い商品」を作り出すってマインド、超楽しいよ♪

私が、生きていていちばん無駄だと思うものは

「他人と比べて病む時間」
「他人の愚痴をいって自己肯定感高めたつもりになること」
「ネガティブな奴と関わること」

他人とは生まれた年も場所も親も違うのに、

たまたまその人にとって運がいい瞬間と、

自分の今の状況を重ねて比べるなんて意味がわからな過ぎる（笑）

運はポジティブな人のもとにしか降りてこないから、

不運すらも成長のためのスパイスじゃ〜〜〜ん！

と思って美味しく頂いておきましょうよ。

幸運が回ってきたときのために、そんなマインドもいいんじゃないかな。

痛みを知ってる人は強くて優しい。そんな人が私は好きよ。

悪口や嫌味を言われるのは主人公だけ。

他人の劣った部分ばかり気になるのは脇役だけ。

みんなは脇役だけにはなるなよ〜〜！

まずは自分の
環境整備＝マインドセットから始めてみような！

えみ姉流 幸せになるためのマインドセット

♡自分の可能性を自分が諦めるな
♡自分を幸せにできるのは自分しかいない
♡自分の幸せを他人に委ねるな
♡自分を信じてくれる人だけを大切にする
♡その他は外野。どうでもいい

とりあえず、今この本を手に取って読んでくれてる子たちは

私の中で大切な存在ってこと。

信じてくれて、味方でいてくれるなら、

私も君にとっての最強の味方でいさせてね！

一人じゃないよ。

人は見た目だけじゃないけど…

BEFORE

やっぱり垢抜けたほうが
人生楽しい！って思う♡

AFTER

LOVE

YOURSELF

可愛くなるための
垢抜け10か条

女の子なら誰でも持っている「可愛くなりたい」という気持ち。
自分の顔を研究して、似合う色を追求して
えみ姉が辿り着いた垢抜けテクニック。

垢抜けるのって実は難しいことじゃない。
自分自身をしっかりと見つめて欠点も含めて愛する勇気と
ほんのちょっとの工夫だけ。
あとは「可愛くなるぞ！」っていう
強い気持ちだけでいいんじゃないかな。

LOVE ♡ YOURSELF

私らしく色づく
私だけの色

AKANUKE 10 TECHNIQUE

最近はニュアンスのあるピンクカラーがお気に入り。
アイライナーはパーソナルカラーに
合わせた色をセレクトして
より自然に見えるようにするのがポイント。
パーソナルカラーって本当に侮れない！盛れる！

赤いリップをつければ垢抜けるとか、
トレンドカラーを取り入れれば
可愛くなれるって思ってたけど
今は内側から色づくような
ピンクカラーがお気に入り。

01
垢抜け10か条

『自分に似合う カラー の見直し』

みんなそれぞれ好きなカラーや系統があると思うんだけど、「好き」と「似合う」って別物。私も少し前までは髪を茶色くすれば垢抜けるって思っていたし、メイクもはやりのカラーやテクニックを取り入れればおしゃれに見えるって信じてたけど実際は違うんだよね。ヘアもメイクも自分が持っている魅力を引き出すカラーが必ずあるし、マット系が似合う子、艶系が似合う子もいて本当にさまざま。はやりに乗るのは全然悪いことじゃないし、好きなものをどんどん試してほしいとは思うけど、なんだかしっくりこないなと思ったら違うカラーを試してみるっていうのが大事だと思うな。

LOVE ♡ YOURSELF

ほんのり淡いカラーで血色感をプラスして

AKANUKE 10 TECHNIQUE

02
垢抜け10か条

『ピュアな 血色感 を大事にする』

ベースメイクもトレンドがあると思うけど、
今推したいのはナチュラル感と透明感を両立できる桃肌。
じんわりと血色感のある肌って儚(はかな)さもあって可愛いよね♡

ピンク系の下地やハイライトを取り入れたり、
のせる位置によってチークを変えてみたり。
薄く、薄く、ニュアンスのあるピンクカラーを重ねて
さりげないグラデーションを意識するだけで
立体感と赤ちゃんのようなふわっとした肌感が演出できるの。

以前のメイクと比べると下地もファンデも薄づきだし
色も抑えていて全体的に薄い印象なんだけど
血色感を意識するだけで仕上がりが全然違う。
今のメイクが一番自分にマッチしてるなって思うよ。

EMIKO'S RECOMMEND

1 プライミングベールチーク PK02 Moonriver／B.by banila　2 プライミングベールチーク PK01 Glimmer／B.by banila　3 ハートポップブラッシャー スクイーズベリー／ETUDE

ピンク系のチークは韓国コスメ一択。若見えする上に、薄づきでもパッと映えるカラーが豊富なのが好き♡

LOVE ♡ YOURSELF

03
垢抜け10か条

『 面長軽減メイク で自信のある私へ』

BEFORE

フフフ

面長はずっとコンプレックスなんだけど、骨格ってそんなにすぐ変えられるものじゃないじゃない？自分のコンプレックスを克服した先に垢抜けがあると思うからどうしたら面長を軽減できるのか、とにかく自分の顔を研究！自分と似ている芸能人とか顔の系統が似ている方のメイクを参考にしたり「ここにハイライトをのせたから顔が伸びて見える」とか過去の写真を見ていろいろと振り返っているうちに今のメイクに辿り着いたって感じかな。

AFTER

フフフ

とにかく顔がキュッと小さく見えるように

アイシャドウやハイライトのバランス

上唇だけオーバーリップを意識！

顔の中心にボリュームがくるメイクを意識

他にも涙袋はナチュラルさを意識して

ファンデは薄づきにして輪郭をぼかすと小顔に見えるとか、

自分の顔を研究していくうちに

気づくことっていっぱいある。

面長軽減メイク動画はこちらから

コンプレックスをカバーして可愛くなれちゃうの、すごくない？

LOVE ♡ YOURSELF

美眉、美まつげ抜かりなく

04
垢抜け10か条

『自分の 素材 で勝負する』

実は眉毛もコンプレックスのひとつで眉毛アートをしてた時期もあったんだけど、今は「Mood.」っていうサロンに3か月に1回のペースでお手入れに行っているだけ。サロンに通うようになってから、眉毛って顔の印象を左右するなって改めて思いました。動画でも何度か紹介してるけど、まつげは月1で「パリジェンヌ」でメンテナンス。自分の素材で勝負したいからマツエクはしていなくて、「ラッシュアディクト」でホームケアもしています。少しお高いけど素顔に自信が持てるようになるから試す価値アリ！

05

垢抜け10か条

『より自然な 涙袋 を意識』

もうね、涙袋を制したら垢抜けに近づくのでは？ってくらい涙袋は大事。ただ、涙袋を強調しすぎると残念な印象になってしまうので、自然なぷっくり感を出すためにラインは薄く入れるのが正解。ここでもパーソナルカラーに合わせた色を選ぶと肌馴染みもよく、ナチュラルに盛れるからおすすめ。他にも黒目の下あたりにほんのりラメを足したり、ハイライトで凹凸を出したり、本当に少しの工夫で全然変わるから試してみて〜！

涙袋を制する者は垢抜けを制す

LOVE ♡ YOURSELF

内側から発色するような艶感のある肌づくり

AKANUKE 10 TECHNIQUE

06
垢抜け10か条

『女度を上げる 香り で仕上げて』

すれ違ったときにふわっと
いい匂いがする人って魅力的。

身だしなみに気をつけているんだなって思うし、
周りからの印象が一気に変わると思います。

メイクの仕上げにシュッと
お気に入りの香水を吹きかけると気分も上がるしね♡

私がよく使うのはCHANELの「GABRIELLE」。
男女ともにウケがよくておすすめだよ。

07
垢抜け10か条

『高級感のある 艶 を纏う』

高級感のある艶感を目指すならやっ
ぱりデパコス。発色もカバー力も全
然違う。艶には投資した方がいい！

私ね、ベースメイクだけで1時間かけるの。

もちろんスキンケア込みではあるけど
自然な艶感を出すために
ベースメイクは薄く重ねていくんです。

そうすることで崩れにくいベースが完成するし、
めっちゃツヤツヤな印象になるの！

EMIKO'S RECOMMEND
1 ディオールスキン フォーエバー クチュール ルミナイザー 02 PINK GLOW／DIOR 2 ディオールスキン フォーエバー クチュール ルミナイザー 03 PEARLESCENT GLOW／DIOR 3 ル ブラン ロージー ドロップス／CHANEL

LOVE ♡ YOURSELF

すっぴんの自分も
愛したいから

日々のケアは怠らない

AKANUKE 10 TECHNIQUE

08
垢抜け10か条
『常に 艶 のある肌づくり』

毎日のスキンケアでは、
すっぴんの時点でハイライト塗ってる？ってくらい
常に艶感のある肌づくりを意識しています。

メイクを落とした後の肌に落胆するのも嫌だし、
どんなにメイクを重ねても素肌に気を使ってないと
なんだかしっくりこない……。
なのでスキンケアにはかなり力を入れてます。

もともと肌が弱いというのもあって、
普段の生活でもとにかく肌を刺激しないように意識！
刺激は肝斑やシミ・シワの原因になるから
メイク落としにはバームを使うし、
肌に負担のかかる厚化粧もやめました。
とにかく肌を毎日いたわってあげるのが美肌への近道！

EMIKO'S RECOMMEND

[1] モイスチャーリッチローション02／Aiam
[2] フェイシャルトリートメントエッセンシャル／SK-Ⅱ
[3] ジェノプティックスウルトオーラエッセンス／SK-Ⅱ
[4] ワンデーワンショットアンプル／TIRTIR

いろいろ試したけど今はこの4つに落ち着きました。未来への投資だと思ってスキンケアにはお金をかけたほうがいい！

LOVE ♡ YOURSELF

ゆるーいアップヘアで色っぽく♡

くるくるに巻いてカチューシャで留めて

簡単で可愛いは正義!!

サイドだけ三つ編みにしてリボンをアクセントに

お団子に髪を巻きつけてピンで留めるだけ

細かい三つ編みって可愛いよね

中華風のツインお団子ヘア

おしゃ見えするヘアアレンジ

たまにはおでこ出すのもいい？

09
垢抜け10か条

『人の印象は髪が8割』

黒髪ロング歴は1年半くらいなんだけど実はこの髪色、地毛じゃないの。地毛が真っ黒ではないので信頼している美容師さんにお願いして自然な黒髪にしてもらっています。髪の毛って手を抜くと清潔感がなくなったり、ダサ見えしちゃうことも。意外と人から見られている部分だから、メンテナンスもそうだしヘアアレンジも大事だなって思う。あまり凝ったアレンジはできないけど、まとめたときにニュアンスが出るようにするとか、何かアクセントになるようなヘアアクセを選ぶようにしています。

LOVE ♡ YOURSELF

10
垢抜け10か条

『美意識を上げる 美容医療』

ボトックスを打つとどうなるの？

私はエラ、首、肩の3ヶ所に打っているのですが肩ボトックスは本当におすすめ！骨格ストレートだからどう頑張っても鎖骨の影すら出なかったんだけど、今はしっかり出ているし首のラインもすごく綺麗に見える。肩こりも軽減して一石二鳥でした。エラは食いしばり対策で打ったけど、エラの立体感をなくしてしまうとフェイスラインが綺麗に見えないので、食いしばりやエラの張りが気にならない人は打たない方がいいかも。

脂肪溶解注射の効果教えて〜！

AFTER

脂肪溶解注射はフェイスラインにだけ打っているんですけど、即効性がすごい！打ってすぐは顔がパンパンに膨らむような感覚なんだけど、5時間ほど経過すると顔周りがシュッとするんです。私はいつも韓国で施術をしてもらうのですが、日本よりも安価だし量もしっかり打ってくれるのでおすすめです。

埋没法、やってみてどうだった？

BEFORE

「一重でかわいそう」と母からずっと言われていて、小学生の頃からアイプチをしていたんです。まぶたに糊がついている感じも気持ち悪いし、プールのときは気を使うし一重なりの苦労がずっとあって。今となっては一重も可愛いと思うけど、幼い頃から二重が正義！という環境にいると自分に自信がなくなっていくんだよね……。メイクも二重をつくるために1時間くらいかけていたけど、埋没法を受けてからは朝起きた瞬間から二重なので世界が一変。もし一重に悩んでいてそれがコンプレックスになっているのであれば、埋没法を試してみるのもいいと思うよ。

みんなが気になる
美容医療のアレコレに
えみ姉がお答えします♡

可愛くなりたい、自信を持ちたい。
みんなそれぞれの想いがあるよね、私もずっとそうだった。
美容医療って敬遠されがちなイメージがあるけど、
コンプレックスを克服するために美容医療を試してみるって
決して悪いことじゃないと思うな。

076

AKANUKE 10 TECHNIQUE

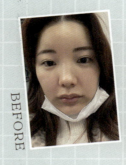

BEFORE　AFTER

ハイフのメリット、デメリットって？

医療ハイフって最近よく聞くし、受けてみたい〜！って子も多いと思うんだけど、まずは今の自分に本当に必要なのかを見極めるのが大事。確かに医療ハイフを受ければリフトアップして顔周りがすっきりした印象にはなるけど、当てる場所やカートリッジによっては顔のバランスが崩れてしまうことも……。私も過去に頬がこけた印象になってしまってすごく後悔したから、今は先回り美容として半年に1回受けています。過去の反省を生かして、ハイフのメカニズムを知った上で細かくオーダーを入れるようにしてるよ。もし医療ハイフを受けるのであれば、どんな効果があるのかまずは自分で調べてみると安心かも。

ヒアルロン酸って気になるけど実際どうなの？

BEFORE　AFTER

今はヒアルロン酸を打ってはいないけど、過去に施術をしてよかったなと思うところは「おでこ」と「鼻根」。おでこが平らなのと離れ目がコンプレックスだったのですが、おでこと鼻根にヒアルロン酸を打つことで顔に立体感が出て横顔に自信が持てるようになりました。唇や涙袋に打っていた時期もあったけど、過去を振り返るとやらなくてもよかったな……。結局はトータルバランスが大事だと思うので、輪郭を整える程度に留めるのがおすすめだよ。

毎月必ずやっているメンテナンスは？

トーニング

トーニングの重要性はどの美容家さんも言っているので、私もそれを信じて毎月受けてます。もともと野菜が嫌いだしお肉しか食べない生活をしているけど、肌荒れもなく、透明感のある肌を維持できるのはトーニングのおかげかも。年齢とともにシワやくすみができてしまうのは仕方のないことだけど、月1のメンテナンスとしてトーニングを始めてからはそれもあまり気にならなくなったかな。

美容皮膚科

知らず知らずのうちに蓄積された肌へのダメージを放置すると、年齢を重ねたときにシミや肝斑、シワ悩みに繋がると思うから、自分の肌の状態を知るって本当に大事。何か肌トラブルが起きたときに放置せず、すぐに駆け込めるような信頼できるドクターを見つけることからまずは始めてみてください。自分だけじゃどうにもならない肌悩みを抱えているなら今すぐ美容皮膚科に行ってみて。

FASHION SNAP!
EMIKO'S COORDINATE METHOD

もともとお洋服が好きでいろんなファッションを楽しみたい派だったけど、最近は自分に似合うスタイルが確立してきたEMIKO。「迷うことも少なくなった。プチプラもハイブラも自分が気に入ったものを纏いたいし、私らしく着こなしたい。年齢を重ねるごとに自分に似合うファッションだったり、好きなテイストって変わってくると思うけど、そのときどきの気持ちをずっと大切にしていきたいな。

METHOD 1
コーデに悩んだら黒！
モードにもカジュアルにもキマる

数年前、おしゃれに無頓着だった私がまず取り入れたのがブラックコーデ。おしゃれな人って黒を着ているイメージがあって、とりあえず青とけばOKでしょって（笑）。黒が占める面積によってクールになったりカジュアルにもできたり。今ではそのバランス感も楽しめるようになって、私のスタイルにおいて絶対欠かせないカラーです。

身体のラインが強調できる
ワンピースがお気に入り

OUTER ： + TOKYO
DRESS ： MELT THE LADY
CAP ： CHANEL
BOOTS ： PRADA
BAG ： DIESEL

02 オーバーなジャケットに ミニワンピって最強

- OUTER : ADER ERROR
- TOPS : ADER ERROR
- CAP : ADER ERROR
- SHOES : BALENCIAGA

03 ボリューミーな足元で バランスを整えて

- DRESS : MATIN KIM
- CAP : ADER ERROR
- SOCKS : BALENCIAGA
- SHOES : miu miu
- BAG : BALENCIAGA
- BANGLE : DIOR
- EARRING : BALENCIAGA

04 レーシーなワンピで エレガントさを軽減

- DRESS : Ameri VINTAGE
- BAG : BALENCIAGA
- BOOTS : ZARA

05 シンプルコーデは ハイブラ小物で攻める

- DRESS : Rady
- BOOTS : PRADA
- BAG : CHANEL

06 レディなオールインワンを さらっと一枚で♡

- JUMPSUIT : AKIKOAOKI
- BAG : CHANEL
- GLASSES : Re:See

07 ボーダー合わせで 優しい雰囲気もつくれる

- TOPS : SeaRoomlynn
- DRESS : PINUE
- SHOES : miu miu
- EARRING : miu miu

08 オールブラックで カッコよくいきたい日もある

- OUTER : PINUE
- DRESS : Crayme
- BAG : CHANEL
- BOOTS : SHEIN

09 ワンピースにゴツめの スニーカーって可愛いよね

- DRESS : PINUE
- BAG : LOEWE
- SOCKS : BALENCIAGA
- SHOES : BALENCIAGA

FASHION SNAP!
EMIKO'S COORDINATE METHOD

METHOD 2
フェミニンなワンピで こなれ感と女度上げてこ？

昔から大好きなワンピース。最近はボディにフィットしたシルエットが好みなんだけど、女らしさをグッと引き出してくれるフェミニンなデザインも大好き。ふわっとしたワンピースにゴツめのスニーカーとか、ジャケットを羽織ってみるとか、髪型や小物次第で雰囲気をガラッと変えられるのが楽しいよね。

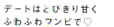

01 デートはとびきり甘く ふわふわワンピで♡
- DRESS : PINUE
- EARRING : CHANEL
- BANGLE : CHANEL
- HAIR ACCESSORIES : 韓国で購入

02 可愛くて清楚見えする ドッキングワンピ最高
- DRESS : Crayme,
- BOOTS : 不明

03 小物を黒で統一すれば ミニワンピも大人見え
- DRESS : DIESEL
- CAP : PRADA
- BAG : CHANEL
- BOOTS : PRADA

04 ワンピース風の お気に入りセットアップ
- TOPS : SNIDEL
- BOTTOMS : SNIDEL
- BOOTS : ZARA

05 きれいめワンピと厚底のギャップを楽しむ

OUTER:	LILY BROWN
DRESS:	olu.
BAG:	PRADA
SHOES:	CONVERSE
GLASSES:	Re:See

06 シンプルコーデを格上げするアクセサリー

DRESS:	SNIDEL
BAG:	DIOR
SHOES:	ZARA
BANGLE:	DIOR
EARRING:	DIOR
RING:	DIOR

07 抜け感のあるルーズ×ルーズな着こなし

DRESS:	Olu.
BAG:	BALENCIAGA
SOCKS:	不明
SHOES:	NIKE

08 儚さをプラスするレーシーな白ワンピが主役

DRESS:	LILY BROWN
SHOES:	ZARA
EARRING:	miu miu
BANGLE:	miu miu

09 露出が高いミニワンピはワントーンで大人見え

DRESS:	ZARA
INNER WEAR:	PINUE
SHOES:	miu miu
BAG:	CHANEL
BANGLE:	CHANEL
RING:	CHANEL

10 歩くたびに揺れる裾が女っぽさを引き上げる

DRESS:	Olu.
BAG:	CELFORD
BOOTS:	ZARA

11 華奢見えを叶えるオープンショルダー

DRESS:	Crayme,
BAG:	CHANEL
BOOTS:	SHEIN

12 たまには攻め色でクールにキメてもいいよね？

DRESS:	LAGUA GEM
BAG:	CHANEL
BOOTS:	CHANEL

FASHION SNAP!
EMIKO'S COORDINATE METHOD

3 METHOD
カジュアルコーデは色気を足すのがルール

カジュアルスタイルが好きでよくするけど、ストリート感を強く出したくないので程よい肌見せが必須。メイクもなるべく薄めにして柔らかい印象になるようにしています。ただ、それだけだとラフすぎてしまうので、髪型をポニーテールにしたり、赤リップを塗ってみたりとやりすぎ感のない色気をプラスするのも忘れずに。

01 トップスとボトムスのバランスでスタイルアップを狙う
- **TOPS :** MELT THE LADY
- **BOTTOMS :** MELT THE LADY
- **SHOES :** BALENCIAGA
- **BANGLE :** DIOR

02 ブルゾンにショーパンがギャルくて可愛いでしょ♡
- **OUTER :** PINCE
- **TOPS :** A+ TOKYO
- **BOTTOMS :** miu miu
- **BOOTS :** PRADA
- **BAG :** CHANEL

03 超シンプルなラフコーデに姫カットがツボ
- **TOPS :** SeaRoomlynn
- **BOTTOMS :** Maison Margiela
- **SHOES :** 不明

04 ラフに振り切ったコーデは 小物で締めるのがルール

- **TOPS :** New Balance
- **BOTTOMS :** New Balance
- **CAP :** NEW ERA
- **BAG :** BALENCIAGA
- **SHOES :** BALENCIAGA

05 デニムのセットアップで メンズライクに

- **OUTER :** Miney
- **TOPS :** 不明
- **BOTTOMS :** Miney
- **BAG :** PRADA

06 ティアードキャミに デニムってあざとくない?

- **TOPS :** Cheri mi
- **BOTTOMS :** Maison Margiela
- **SHOES :** ZARA
- **BAG :** DIESEL
- **NECKLACE :** miu miu
- **BANGLE :** miu miu

07 カジュアルスタイルの 肌見せはチラッと感が大事

- **TOPS :** MM6 Maison Margiela
- **BOTTOMS :** Maison Margiela
- **SHOES :** NIKE

08 防寒も見た目の可愛さも 兼ね備えたアウターを主役に

- **OUTER :** ZARA
- **TOPS :** UNIQLO
- **BOTTOMS :** 韓国で購入
- **SHOES :** NIKE
- **BAG :** Maison Margiela
- **CAP :** CELINE
- **GLASSES :** Re:See

09 ゆるゆるコーデには メガネで知的さをプラス

- **OUTER :** PINUE
- **TOPS :** Ameri VINTAGE
- **BOTTOMS :** UNIQLO
- **SHOES :** NIKE
- **BAG :** Maison Margiela
- **GLASSES :** Re:See

10 もっこもこのアウターに スウェットは優勝すぎ

- **OUTER :** ZARA
- **BOTTOMS :** New Balance
- **BOOTS :** UGG
- **CAP :** CELINE
- **BAG :** DIOR

FASHION SNAP!
EMIKO'S COORDINATE METHOD

01　シルエットに差をつけて　バランスを保つ

- TOPS ： miu miu
- BOTTOMS ： X-gir
- SHOES ： NIKE
- BAG ： 不明

02　抜け感のあるジャケットで　かっちり感を排除

- OUTER ： A+ TOKYO
- TOPS ： ZARA
- BOTTOMS ： MM6 Maison Margiela
- SHOES ： miu miu
- BAG ： BALENCIAGA
- GLASSES ： Re:See

03　プチプラ×ハイブラの　絶妙なバランス

- OUTER ： ZARA
- TOPS ： MELT THE LADY
- BOTTOMS ： ZARA
- CAP ： CHANEL
- SHOES ： BALENCIAGA
- EARRING ： CHANEL
- BAG ： CHANEL

嫌味のない　ヘルシーな肌見せでメリハリ

タイトなお洋服が好きなので、肌見せでバランスをとるようにしています。過度な露出は下品な印象になってしまうから、チラッとお腹が見えるとか背中が開いているトップスを選ぶとか、露出は最小限に留めるのがマイルール。肌見せってカジュアルなスタイルこそ映えるから、ボリュームのあるボトムスにショートトップスを合わせることが多いかも。

04	LIVE参戦の日は メイクも服も強めに

OUTER : PINUE
TOPS : DIESEL
BOTTOMS : miu miu
BOOTS : PRADA
BAG : PRADA

05	大好きなオフショルで 甘さを引き出して

TOPS : Darich
BOTTOMS : Cheri mi
CAP : CHANEL
BAG : CHANEL

06	ほんの少しの肌見せで 色っぽさが加速する

TOPS : YUSE
BOTTOMS : Darich
SHOES : NIKE
BAG : BALENCIAGA
EARRING : miu miu

07	ミニスカ×ブーツの バランス感がたまらない

TOPS : PINUE
BOTTOMS : Darich
BOOTS : PRADA

08	体型が盛れる♡ 優艶なセットアップ

TOPS : Lil Ambition
BOTTOMS : Lil Ambition
BOOTS : ZARA
CAP : CHANEL

09	超ストリートな日は バッグをアクセントに

TOPS : MATIN KIM
BOTTOMS : X-girl
SHOES : NIKE
BAG : CHANEL
CAP : MATIN KIM
GLASSES : GENTLEMONSTER

10	上品さが際立つ 淡いセットアップ

SET-UP : PINUE
BOOTS : SHEIN

11	ショートブルゾンで 肌見せを調節

OUTER : PINUE
TOPS : Darich
BOTTOMS : SHEIN
BOOTS : PRADA

EMIKO ESSAY PART 3

TALK ABOUT "LOVE AFFAIR"

#TITLE

恋愛ってそんなに人生で
なくてはならない大事なもの？

人生の中で起きる全ての出来事は、
自分のより良い人生を構築するために必要なこと。

どんな困難でも自分にとって
必要なことしか起きない。

と私は思ってて。
それを乗り越えなきゃ成長した自分には出会えないし、
新しい景色って見えないわけ。

色んな出来事に簡単には動じない

精神力の分厚い人間になるためには

辛い思いしたり、感情を揺らしていくことが重要なんだけど

人間力の筋トレをしていく上で

欠かせないのが恋愛だと思うのね。

喜怒哀楽、恋愛する中で色んな感情の自分を知って

出会い〜別れを繰り返していくうちに、

自分が傷つかない方法や、

自分の経験を通して人の痛みを理解して

あげることができるようになったり

自分の人間力を上げて、

将来一生添い遂げる素敵なパートナーと出会うためにも、

たくさんの人を知って恋愛はしておくべきだと思うの。

もちろん、得意不得意があるから無理はしないでほしいけど、

恋愛からしか学べない

人間の大切な感情ってたくさんあるんだよ。

TALK ABOUT "SELF IMPROVEMENT"

EMIKO ESSAY PART 4

#TITLE

男運がない？
それは あなたの人間レベル

恋人もできず、散々色恋沙汰に悩まされていた時期、
とあるお姉様から言われた一言でした。

当時の私は確か24〜25歳くらい。
自分に自信満々だったから、
そんなこと言われてもサッパリ理解できなかった（笑）。

「男の方が見る目ないんだわ〜、
大分（私の出身地）にはもういい人いないわ〜」

なんて自分に原因があるなんて1ミリも思わない、
頭ん中お花畑女だったね……。

でも過去の失恋や悔しい出来事をきっかけに自分磨きをして、

見た目も少しずつ垢抜けて、

マインドや考え方もだんだん変わってきてから過去の恋愛を振り返ってみると、

「そりゃ、あの当時の私になら変な人間が寄ってくるわ！」

って気づいたんだよね。

つまり、恋愛相手や周りの環境は自分と同レベルでしかなかったってこと。

「悪い男に引っかかった、男運悪っ！」

ってことじゃなくて、

私自身が悪い男と変わらないレベルの存在だったの。コワ（笑）。

だったらいい恋愛をするため、

理想の男性とお近づきになるためには一体何をするべきだと思う？

「自分磨き一択」

恋愛は自分と同レベルの人しか寄ってこないことを理解した上で、

自分を安売りせず、高望みもせず、

他人の恋愛に嫉妬心を抱かず、ひたすら自分の見た目と中身を磨くべし。

これをしてるかしてないかで人生大きく変わる気がするの。

自分の人間レベルを上げるためにまずは何が足りないのか？

憧れの◯◯ちゃんにはあって自分にはないもの。

逆に自分にあってあの子にはないもの。

よく知り研究して心身ともに磨くことで、

自分のことを愛せるようになるし

相手をしっかりと見定められるようになる。

ほら、伸びしろしかない自分のことが可愛く見えてくるよね？

これからの未来は明るいよ〜〜〜！

変わっていく自分に周囲の人は驚きを隠せないと思う。

さぁ、まだまだ輝く自分の可能性を楽しみながら、

愛し愛されて生きていくのだ！！！

REAL BASIC

えみ姉の偏愛アイテム

1 PRADA
2 PRADA
3 miu miu
4 alexanderwang
5 BALENCIAGA
6 PRADA
7 miu miu

TOPS

**一点あるとサマになる
ハイブランドのトップス**

ブランドロゴが入っているお洋服はあまり好きではなかったけど、最近はすごく惹かれちゃう。プチプラコーデに一点投入するだけでスタイリングが素敵に仕上がるし、大人っぽさも簡単に引き出せる気がするの。よく見るとブランド名がわかるくらいのさりげないデザインが好みかな。

たくさんのお洋服を持つよりも"長く大切に着ていきたい"という思いが強くなった今、
クローゼットに並ぶのは厳選されたアイテムばかり。
ハイブランドもプチプラもいろいろだけど、自分らしく着こなせる丈感や心地よさを大切にしています。

オールマイティーに着こなせる
大好きなデニムたち

デニムって合わせるもの次第でカジュアルにも大人っぽくも着こなせるから万能だよね。普段お腹が見えるデザインやタイトなトップスを着ることが多いから、バランスのとれるワイドシルエットを選ぶことが多いかも。カラーはヴィンテージ感があってアイテムを選ばない淡い色が好き♡

1　ZARA
2　miu miu
3　ACLENT
4　Maison Margiela

REAL BASIC (EMIKO'S CLOSET)

数種類持ってるだけで着こなしの幅が広がる

オフショルや背中見せができるお洋服が好きだからインナーにはこだわりが。おしゃれなインフルエンサーを参考にしたり、ZOZOTOWNやインスタブランドを見てみたり。パッド付きなら一枚でも着れちゃうから紐の細さやデコルテラインのデザインもしっかりチェックしています。

INNER

1. SHEIN
2. 楽天で購入
3. SeaRoomlyn
4. SeaRoomlyn
5. ZOZOTOWNで購入
6. SeaRoomlyn
7. SHEIN
8. MAISON SPECIAL
9. SHEIN

REAL BASIC (EMIKO'S CLOSET)

/DRESS

1 BALENCIAGA
2 ROSARYMOON
3 JUST A NOON
4 olu.

シーンに合わせて楽しみたい
バラエティに富んだワンピース

ワンピースを選ぶときの基準は「一枚でキマるもの」だから、ボディラインが強調されるワンピースやシンプルだけどデザイン性の高いものに惹かれちゃう。柄ものもいくつか持っているけど、やぼったくならないように上半身がすっきり見えるメリハリのあるデザインを選ぶようにしています。

REAL BASIC 　(EMIKO'S CLOSET)

長く大切に味が出るまで
使い続けたいお気に入りたち

ここ1年でプチプラからハイブランドにシフトチェンジしているバッグ。ハイブランドの小物が入るとコーデも締まるし、はやり廃りのないデザインだから年齢を重ねてもずっと使っていけるのがいいよね。シャネルはブランドの歴史も含めて大好きだから、ちょっとお高いんだけど自分へのエールも込めて集めています。バッグ選びの基準はコンパクトで両手があけられること。必然的にショルダーバッグやリュックが多くなっちゃうんだよね。

REAL BASIC (EMIKO'S CLOSET)

REAL BASIC (EMIKO'S CLOSET)

/OUTER

**合わせるアイテムを選ばない
ビッグシルエット一択**

中に着るお洋服をアウターで左右されたくないのもあって、ビッグシルエットを選ぶことが多い。スウェットを合わせてゆるーく着ても可愛いし、ピタッとしたお洋服を合わせればすっきり着こなせるっていう汎用性の高さも好き。カラーは何にでも合わせやすいモノトーンが多いかな。

1 BALENCIAGA
2 ADER ERROR
3 MLB
4 ZARA

REAL BASIC　(EMIKO'S CLOSET)

/CAP

あえてのカジュアルで色気をプラスする

カジュアルなお洋服が好きになってからコーデに取り入れることが増えたキャップ&ビーニー。ベレーやバケットハットを合わせるよりも逆に色気が出るなと気づいてからは、帽子はこの2種類と決めています。そのおかげで無駄なお買い物も減ったしコーデも組みやすくなりました。

1　MATIN KIM
2　ADER ERROR
3　CHANEL

全てNEW ERA

REAL BASIC (EMIKO'S CLOSET)

SHOES

1. PRADA
2. NIKE
3. PRADA
4. PRADA
5. miu miu

私を素敵な場所に連れていってくれると信じて

靴もバッグと同じで愛情をもって長く使いたいので、ハイブランドに移行中。足元ってけっこう見られているし、足先まで気を使っている人ってそれだけでおしゃれに見える気がする。意外かもしれないけど、身長がそんなに高くないので厚底はマスト。あと、NIKEのスニーカーは絶対外せない。

REAL BASIC　(EMIKO'S CLOSET)

/ACCESSORIES

どんなスタイルにもはまる
ベーシックがテーマ

アクセサリーは本当に気に入ったものだけを厳選するタイプ。というのも、アクセサリー類をすぐなくしてしまうので自分が管理できる分だけ持つようにしています。ずっと大切に使っていきたいから、華やかだけど主張しすぎないデザインを選ぶようにしているの。眼鏡は取り入れるだけでおしゃれに見えるから、私のコーデに欠かせないアイテム。

#TITLE

何が将来に繋がっているか、
明るい未来の入り口ってどこ？
いつだって正解は
わからないものだ

どんなにすごい事を成し遂げた人や天才も、

最初から周りに受け入れられていた人なんていなくない？

今ものすごい大金を稼いでいる人も、

幼少期の夢はきっと違ったはず。

自分が将来どんな形で偉業を成し遂げたり、

どんな生活スタイルで生きているかなんて誰にもわからないもの。

ただ共通しているのが、

大きな結果を残している人ほど、
辛い経験や挫折を繰り返して、
さらにその経験を味方にしてしまう
強い忍耐力と自分を信じる心を持っている

ことだと思うの。

その時々の出来事、感情、出会いに

真剣に向き合って乗り越えて、

自分だけを信じて進めば

必ず自分の想像していた未来よりも、

はるかに上をいく結果が待ってる。

「あの時の困難がなきゃ

今の、夢を叶えた幸せな自分はいなかった！！！」

その感情を人生で一度でも経験できたら勝ち。

きっとあなたはこの先どんどん成長して夢を叶えていく人になれる。

人生は誰のものでもない。

この世に生まれてきた、かけがえのない自分の命、

自分の魂が身体の中にある限り、

自分で自分を幸せにして生きていかなきゃいけないの。

◎ 挑戦したい事

◎ 叶えたい夢

◎ ワクワクする事

そんなものが生まれた瞬間が行動する時だよ。

その夢にどう近づくか？　それだけを考えて毎日生きるの。

夢があると毎日楽しい、

生きる希望になる。働く活力になる。

夢ってすごいよね。

夢があれば自分の身体ひとつでどんな景色も見ることができる。

人間って楽しいよね。

今、私は心の底からそう思って、毎日生きてる。

#TITLE

たどりついた、「自分を無理させない生き方」が今は好き

インフルエンサーとして活動する上で、当初から決めてることがあるの。

私の活動のコンセプトは

◎ **ありのままの自分で居続けること**

◎ **自分を飾らないこと**

これは好感度のためとかじゃなくて、完全に自分がストレスフリーでいられるため。

そう、自分のため！笑

もちろんお仕事だけじゃなくて私生活でも変わらぬこのスタンスなんだけど、

この生き方に振り切ってから人生が生きやすくてたまらないの。

10代〜20代前半、いや、つい数年前とかまでは

周りの顔色をうかがったり、心ない言葉に悔し涙を流したり、

他人の評価に一喜一憂するような日々だった。

今思えば、その頃の自分は「全員に好かれることが正しい」

って思ってたの。

自分の意見があっても、それを押し殺して他人の意見について行ったり、

思い返せばいつも誰かの人生の上を生きていたような気分だね。

常に周りの人間の質が悪くて対人関係に悩まされてたんだけど、

ある日突然全部疲れて、やめたの。

顔色伺ったり

意見に同調したり

機嫌とったり。

ガチめんどくせぇ。 うるせぇよって。

そこから自分の感情を大切にして、

はっきり物言ったり我慢はしない生き方を始めたの。

これは自己中になろうとかじゃない。

自分を大切にすれば、ひどい扱いをしてくる奴となんて

1秒も関わりたくなくなるじゃん?

だから全部切る。

無駄なものは切ってからじゃなきゃ、新しい良い運気は舞い込まない。

「自分を無理させない生き方」

自分を大切にしていたら、

自分を大切にしてくれる人のことを大切にしようと思えるの。

そんな自分に居心地の良さを感じた人がまた私を大切にしてくれる。

この関係性にはそもそも、

飾らない自分でいることから始まっているから、

居心地よく感じてくれる人もきっと飾ってないの。

その輪をだんだんと広げていけば、

自然と自分の周りには大切な人しか存在しない環境になってるはず。

そうすれば、うちらの勝ち。

飾らないありのままの自分でいれば、

自分も相手にとってもとても心地よい関係、世界が広がるの。

自分のことを大切にしてくれる人のことだけを守って、大切にして。

えみ姉の
お悩み相談室

さてこちらでは、SNSで募集させてもらった、みんなからの質問にお答えさせていただきます！
たくさんいただいた質問の中から厳選し、えみ姉なりの答えを考えてみました。
今回はすべて女の子からのお悩み。恋愛、仕事、人間関係、生きてると悩みって尽きないけど、
その都度前向きに考えて、解消して、前に進んでいけたらいいよねって思う。

時間を守れず、小学生のときから悩んでいます。社会人としてやっていけるでしょうか。今までは運の良さでなんとかなってきましたが、遅刻をするたび自分に嫌気がさし、落ち込んでしまいます。　♡まーさん♡22歳♡学生

時間を守らないことって、自分の信頼を失うきっかけになってしまうことが多いんだよね。だから私は、**できる限り時間は守る**ようにしています♡まーさんも頑張ってみて！

将来的に結婚相手ではないなと思う彼と別れられない。タイミングとかもあるのでしょうか、むずかしくて悩んでいます。　♡こりんりん♡23歳♡学生

人生、結婚がすべてではないからな～。彼といることで、結婚よりも何かしらのメリットがあるなら無理に別れなくてよいけど、将来幸せになる想像ができないのに一緒にいるのなら時間の無駄だから別れましょう。

反抗期で親とよく喧嘩してしまう。どうしたら良いかわかりません！　♡ほのさん♡15歳♡学生

喧嘩の程度にもよるけど、**今はたくさん喧嘩してもいいと思うよ～！**　そしてもっと大人になってから、ちゃんと感謝の気持ちを持ったり、伝えたりできたら素敵だよね。

隣県に住んでる9つ年上の人に片思いしています。去年の夏に旅行先で出会い、一緒にお酒を飲みました。その時に連絡先を交換できず、その後も忘れられなかったので頑張ってSNSで探して、その彼の友達さんを見つけました。お友達さんにお願いしてLINE交換に成功し、10か月ほど、ほぼ毎日連絡を取り合っていました。ですが3か月ほど前に音信不通になりました。すごく優しい人だったので、急に音信不通になってとても心配です。何度か追いLINEしてみていますが、既読もつきません。彼の友達さんにも連絡してみましたが、彼女ができたのかどうかさえ教えてもらえません。あきらめようと何度も思いましたがどうしてもあきらめられません。えみ姉なら、音信不通になってしまった時、どうしますか？　♡もなか♡2♡歳♡大学生

私だったら**「ばいばーい！」**かな。音信不通とか「ああそういう奴だったんだ」ってことで自分から身を引くかな。こういう相手に、情は抱いちゃダメよ。

仲が良かった人からの連絡が途絶えたことってありますか？　子どもが産まれてから連絡を絶たれる人が割と多くて少しショックです。　♡みゆき♡28歳♡主婦

そういうことって誰にでもあるよね、しょうがないんじゃないかな。また何かのタイミングで、また会いたい人だったらこっちから**気軽に誘ってみたら**どうかな？　お弁当作って公園いこ～とか♡

> いま将来の夢や目標がありません。目標がある方が勉強や日常生活のモチベに繋がると思うのですが、なりたい自分が見つからなくて悩んでいます。どうすれば自分の夢や目標を持つことができますか？　えみ姉の夢も聞きたいです！
> ♡始皇帝ちゃん♡16歳♡高校生

夢や目標がない時期があってもいいと思う。どういうタイミングで夢や目標ができるか誰にもわからないから、とにかく素直に生きていく。そうすればきっと物事がうまく進んでいく時期がやってきて、すごく素敵なきっかけが訪れたりする。ちなみに私の将来の夢は30歳までに**美容系の会社**を立ち上げて、自分の欲しい**スキンケア商品**を作りたい、そして自分でも使いたい！

> 結婚を考える歳になり、最近アプリで出会った方とお付き合いしました。とても良い方ではありますが本当に彼を信用していいかわかりません。えみ姉は旦那さんの信用できたポイントはありますか？
> ♡トッポギさん♡25歳♡金融職

私が旦那を信用したポイントは、日々の言動とか、私のことを一番に考えてくれているんだなって実感できたこと。それって取りつくろってできるものではないと思う。日々一緒に過ごしていく中で、自分が感じるもの。自分が大切にされているなって心から思える言動があったりとか、**相手の尊敬できるポイント**がある人だったら、将来一緒にいたいなっていう基準になります。

> 自分が浮気してしまい、振られてしまいました。とても後悔しています。どうしてもよりを戻したいのですが、えみ姉ならどうしますか？　♡amさん♡29歳♡会社員

私なら戻らない、戻ろうとしない。次は**同じことをくり返さないように**、自分の大切な人を失わないように、前を向いて歩く！

> 私はすぐ嫉妬してしまうんですが、彼は全然嫉妬しないタイプなので、なんだかなぁ、とよく思います。えみ姉は嫉妬についてどう思いますか？
> ♡づん♡24歳♡アルバイト

私は今はもう嫉妬しないけど、昔は彼から嫉妬されたいと思ってました。**「私に嫉妬しないの？」**って可愛く伝えてみてはどうだろう♡

> 彼が家に来る時にうまく甘えられなくて帰ったあとに寂しくなってしまいます。うまく甘えられる方法はありませんか。　♡ペペロンチーノ♡20歳♡学生

かーわーいーいー！　そういう私も同じタイプ（笑）。もしふだんツンツンしちゃってるなら、それを生かして今度は普段言わないような甘いことを言ってみたら効果テキメン。**「○○君は気づいてないかもだけど、私はめっちゃ好きだよ」**とか言ってみる！これだけで彼はきっと1週間くらい思い出してはニヤニヤしていることでしょう（笑）。

> 友達や周りの人から嫌われるのが怖いです。
> ♡ゆうゆ♡15歳♡学生

わざわざ嫌われる必要もないけど、**頑張って好かれる必要もない**。そう思えたら楽だよ♡（こういうニュアンスの質問、他にもすごく多かった！）

> ここ最近、感情的になってしまうことが多く、そのたびに自己嫌悪に陥ります。怒りの沸点が低くなったように感じているのですが、えみ姉はどうやって感情コントロールしてますか？　♡ゆっちゃん♡28歳♡教師

私は**メモにめっちゃ感情を書いてる**。良くも悪くも私のメモはデスノートと言えると思います（笑）。

えみ姉の お悩み相談室

年齢＝彼氏いない歴なのですが、今、気になっている人がいます。自分磨きを頑張りたいのですが、ファッションやメイクをどのように勉強していったらいいのか分かりません。ちなみに、私の周りの友達はオシャレに興味がない子ばかりで、周りになかなかアドバイスがもらえません　♡むぎ♡21歳♡学生

例えば、自分の顔のタイプに近い、またはなりたい芸能人に近づいていく努力、とかはどうかな？　いわゆる**ロールモデルを掲げて**、そこに向かって近づくためにヘアメイクやファッションを研究してみたらいいかも！

仕事でミスを繰り返すと、周りからの視線が怖くなって、自分に自信がなくなります。こんな自分なんて……と思うようになり人間関係とか恋愛にも消極的になっていきます。　♡さとなぎ♡23歳♡看護師

わかる、でも20代前半でしかその感情は抱けない。今のうちに失敗して、学んで、**将来の自分のためになっていると信じる**。落ち込む暇はねえ！

5年前からの知り合い（出会った時は彼女持ち、現在はその方と結婚）とセフレ関係です。つい最近までは先輩後輩の関係、半年に1回会うか会わないかだったのに、数か月前にSEXしてしまって以降、セフレ関係に。奥さんとうまくいってないと聞いていたので、付き合いたいと思ってしまう一方、浮気するような人だとも思います。割り切って身体の関係を続けるか、それとも身を引くか。迷っているので自分の行動が一貫しません。アドバイスください。　♡かえ♡28歳♡会社員

そういう人ほど奥さんと別れない！ **いますぐ縁を切りなさい！**　男の言葉を鵜呑みにしちゃだめ！　良縁は悪縁を切らないとやってきてくれません。

おしゃべりな性格だからか、男の人とすぐに友達になってしまいます。友達として最高な関係だけど、好きな気持ちを隠すことになってしまうことが多いです。どうしたら「友達感」をなくせますか？　♡のん♡22歳♡学生

あざとさが必要じゃない？　友達は友達でも、男寄りの接し方になっちゃだめ。女友達の中で一番可愛い子の位置を確立したら、はい成功。イメージとしては「自分の彼氏の女友達にいてほしくないタイプの女」（笑）。このポジをとれたらマジ最強。えみ姉の過去動画も見て、ぜひ学んでください。

この歳で未だ未経験です。今まで彼氏はいましたが、本当にこの人でいいのかといつも思い、もう一息のところで無理！　となってしまいます。みんなができることができない自分がいる気がして。乗り越え方、何かアドバイスありましたらいただけると嬉しいです。　♡デコルテ♡30歳♡会社員

セックスは頑張ってするものではない。乗り越えるものでもない。 待ちましょう、そのときを♡♡♡

えみ姉の結婚の決め手はなんですか？「この人よりいい人いるんじゃないか」と思う時もあれば、「この人しかないかも」と思う時もあり、ブレブレな自分が嫌になります。たけちゃんとの結婚に踏み切った理由を知りたいです。　♡まゆピッピ♡25歳♡会社員

ブレてる時点でその人じゃないんじゃないかな、と思う。**「この人と一緒にいるときの自分が好きだな」**って思える相手ってそんなに多くないから、そういう人に出会ってから結婚を考えてもいいかも。そういう基準で考えた方が自分も相手も幸せになる、って私は思います。私はそういうふうに思えたから、結婚をしました♡

高校生の頃にパニック障害になり、ほぼ治ったけどHSP気質です。朝、暗いニュースを見ると1日中影響されたり、寝る前にケータイ見ると眠れなくなったり、うまく立ち回るのが苦手だったり。周りを見すぎて気をつかいすぎて息苦しくなるときがあります。そんなときはどうしてますか？😢
♡もちゃん♡22歳♡ネイリスト

気をつかいすぎて疲れるのは私もわかる！　でも年々それがなくなってきて、今は人の顔色がそんなに気にならなくなってきたんよ。それって**自分が「素」でいるようにしたから**。あんまり気をつかいすぎると、それを周りの人も察知して、あんまり居心地が良い空気にならないんだよ。自分で意識して気をつかいすぎない努力をしてみる。そうすると周りも自分も過ごしやすい環境になると思うよ！

私が開業するにあたり、義実家の反対等を受けて離婚しました。世界一愛していた（現在進行形）彼のことを忘れられません（；ω；）　最初から今でもずっと一番応援してくれた人で、思い出すといつも泣いてしまいます。無理に忘れようとしても忘れることができずに困っています。えみ姉ならこんな時どうしますか？
♡うらん♡26歳♡もうすぐ大分で保護猫カレー屋します！

成功している人って、過去に大きな困難を乗り越えている。そういう人って**人生の主人公なんだよな**って思います。うらんさんは、きっと乗り越えられる人なんだろうなって思います。頑張って！！！

足のむくみが一生取れない、どうしたらいいんですかね（i＿i）
♡のあさん♡学生

お風呂で温めて**マッサージ**したり、泡のヌルヌルを利用して**指でグイグイ揉んだり**してみてください！　あと私は加圧ソックスを穿いたりしてます。

痩せたいのに食べちゃって、一時期やっていたダイエットも過激すぎたためリバウンドしてそのまま過食症になってしまいました。最近今までで一番好きな人ができて痩せたいのですが、どういう心持ちが大切ですか？
♡さんさ♡15歳♡学生

えみ姉も過食症は経験済みで、短期間で20キロくらい太って焦りました。これはね、まず**心と体のバランスをとることが大事**。そして一旦、痩せるってのを忘れてみて。痩せるとか太るとか体の見た目に心がしばられると悪循環だから。「痩せる」ではなくいったん「健康体」を目指してみて？　体が健全になれば精神状況も変わってくる。そこから好きな人にアプローチしても遅くないし、むしろまた新しく好きな人ができるかも！　まず健康、ダイエットはその次だ！

去年結婚した、新婚夫婦です。結婚する時に夫から専業主婦になってほしいと言われて仕事を辞めました。今は子供も生まれて、子育てに追われています。旦那とは仲良くやっていますが、もっと子育てに協力して欲しくて、小さなことでイライラしてしまうことが多々あります。旦那とは出会ってから一度も喧嘩をした事がないので、私の意見を言って喧嘩になったらやだなぁ……と思うとなかなか話せません。夫婦円満でいるためには、自分が我慢するべきなのか、意見を言うべきなのか、ずっと迷っています。えみ姉さんは夫婦円満の秘訣とかありますか？
♡ムチムチ赤ちゃん♡26歳♡専業主婦

正直、お子さんがいる人の気持ちがわからない部分はあるんですが、私なら**「二人の子どもなんだから、おまえも子育てやれや！」**って思ってしまう。「てめえの遺伝子も入ってんだわ。てめえの子でもあるんだわ！」とか「私もしんどいときはしんどいんだわ！」みたいな（笑）。なるべく早いうちに**ハッキリ言いましょう**。

小学校2年生から現在まで、ずっと同じ人のことが好きで、相手に好きバレするように連絡を頻繁にとったり、恋愛話をしたり、雰囲気としてはいい感じになることは今まで何度かあったのですが、「付き合う」などの形としての恋愛関係になることがありません。私はもちろん、ずっとその人のことが好きなので、まだ彼氏ができたことがありません。このままズルズルと引きずるくらいなら、せめて他の恋を探すべきだと思いますか？　えみ姉の考え方を教えてほしいです。　♡めいたん♡19歳♡大学生

そこまで好きなんだったら、そこまで好きバレしてるのに付き合ってくれないんなら、**むしろめいたんの悪いところを言ってほしいよね！**　それでもし付き合えるならそうした方が良い。SNSで可愛い姿を見せつけましょう！

恋愛が円満に進みすぎて逆に先が不安です。
♡ナナ♡21歳♡学生

確かに。わかるよ。幸せなときほど不安だよね。でも自分の頭をハッピーに洗脳したもん勝ちで。私はいかに「**イケイケの時のマインド**」を維持するかがハッピーの鍵だと思ってる。円満なときは一生円満を貫くんだ、って思ってる。ナナさんも一生円満ハッピー野郎でいてください！

彼と付き合って1年半。年齢も年齢なので結婚も考えていますが、本当に彼で良いのか。結婚して本性がモロに出てきて豹変したらどうしよう……。
♡ももか♡25歳♡会社員

え、豹変しそうな兆候があるってこと？？　それなら問題だけどな（笑）。**年齢だから結婚を考えるとか、そういうのまずやめてみてよ。** しかもまだ25歳で1年半しか付き合ってないのに結婚なんて、迷ってるくらいなら今はまだ考えなくていいと思う！

大好きなおしゃれ（髪の色、ネイル、服、メイク、マツエク、マツパなどなど）が看護学生をしているとほとんど全て制限されていてすごくすごく辛いです。この前も耐え切れず何もしていなくても勝手に涙が出てくるほどにまで気持ちが病んでしまいました。正直何で看護師になりたいと思ったのか全くわかりません。実習テスト勉強に追われている中、インスタで同い年の友達がハイトーンヘアや可愛いネイル、ピアス、旅行、美容施術、サロン、などに通ったり、夜通し遊んでいるなど、キラキラ大学生のストーリーを見ると、自分はなんでこんなことしてるんやろ、と思ってしまい、今の生活から抜け出したくなります。今しかできないネイルのデザインや髪の色が制限されることなどが本当に辛くてたまりません。休学して自分のやりたいことを見つけたいと思っていますが両親に申し訳なさすぎて相談できていません。将来のために、今しかできないことを我慢するのか、今やるべきことを優先するのか。えみ姉さんだったらどう考えますか？　アパレルスタッフバイト兼限界看護学生のひよこ♡
20歳♡4大看護学生2年目

見てください、この私を。なんの制限もされていないのに、半年ぐらいネイルしてなかった。大事な撮影があるのにマニキュアすらしてなかった。あと私はずっと黒髪じゃん？　制限されると何かしたくなるけど、**制限がないとしなくていいやって思っちゃうの。** メイクをしたから、ハイトーンにしたから、そうやって派手にすることが全てかわいさに繋がるわけじゃない。そんなことより、一生ものの資格を取ろうと頑張っているあなたの方がずっと魅力的に見える。私は母が看護師だったから「3人の子供を育てられるのは看護師免許があるからなんだよ」って言われて育ってきた。私はあなたを尊敬します！

友達の機嫌が悪いとき、どうしたらいいかわからない🥲
♡まつ♡19歳♡学生

これは私なら**無視です！**（笑）時間がもったいない、自分の時間を大切にして♡

えみ姉の お悩み相談室

最近彼氏とセックスレスというか、私自身が性欲皆無。ほんっとに1人でも頑張ってしてみてるけど性欲わかないし、彼氏に対してもそういう気持ちがわかない。どの男性に対しても性欲がわかなくなってて、夏バテも関係してるのかわからないんですが、結構しんどい。彼氏からの誘いを断るのも、誘われてること自体も結構きつい。誰にも相談できないのでここで失礼します。
♡ぎゅうにゅう♡28歳♡派遣で在宅ワーク中

リアルやな〜！ 年齢もまたリアル！ わかる〜！ 安心して、**あなたと同じ歳のえみ姉も何度もコレに直面してます**（笑）。 例えばなんだけど、女性用風俗で刺激を求めるとかもアリ？ いっそプロとアレしてみて、本当に自分に性欲がないのか、それとも相手が悪いのか（失礼！）確かめては。ちょっと荒療治かもしれんが、いったん風俗で確認してみる、でどうでしょうか。本気です。

好きな人から「将来結婚するなら、のあのことアリだと思っているけど、今は彼女作る気ない」って言われていて、絶対に期待しない方がいいのに、期待してしまいます。この人のことを完全に切ることができなくて次の恋を探すことにも乗り気になれません。えみ姉はこんな時どうしますか？？
♡のあ♡25♡会社員

え！この男、アタマお花畑ポンコツ野郎なの!? すーごい上から目線でびっくり（笑）。てゆうかね、この女心もめっちゃわかるし、こういう経験えみ姉にもある。だけど結局こういうこと言う男って、**うぬぼれてるだけのアタマお花畑男だわ！って気づいたの**。もしどうしても関係性を切れないなら、いったん頑張ってサヨナラして、自分磨きして超きれいになってSNSとかで輝く自分を晒す。そしたら絶対にあっちから連絡してくると思う（笑）。でもこういうパターンって、男側がこっちを向いた時はすでに女子側には新しい素敵な恋人ができてるってのはお決まりのパターンだね。

25歳も歳上の彼氏がいます。彼の見た目を気にしたことはなかったのですが、最近彼の歯が抜けて間抜けな顔になってます。何度も歯医者に行けと言っても行きません。歯を見るたびに萎えます。そのことを伝えても行きません。私からどう思われてもいいんですかね。だんだん腹も立ってきて、これが結婚を考えられない大きな要因の一つでもあります。このまま治さなかったら別れようかと考える私って考え浅はかですかね？♡みや♡28歳♡会社員

いやいや、私が彼氏を1回説教してやりたい！ 25歳も年下の女の子と付き合ってんだから見た目は気をつけろ！と言いたい（笑）。ていうか歯がなくて、お仕事とかどうしてるの!? 歯も治してくれないくらいの彼に今後の人生捧げるのはいかがなものですか？ 私の話になるんだけど、旦那ににずっと服がダサいとか肌が荒れてるとか髪型がヘンとか欠点ばっかり指摘してたのね。でも全く改善する気配がないから、作戦を変えました。それは**「どう変えたら良くなるのか」**を具体的に指示したの。例えば「ヒゲ脱毛して顔ツルツルになったらめちゃイケてるよ？ もともとキレイな顔なんだし」とか「前髪伸ばしたらめちゃくちゃ色気出そうだよ？」とかほめながら、伸び代を伝えてやりながら言ってみたの。そしたら不思議とどんどん垢抜けていって作戦大成功。だから、ダメ出しばかりでなく**伸び代をイメージさせるようにほめて伸ばす**、これおすすめよ。

初めて同じクラスになった人に一目惚れしたけど、まだ一度も話したことがないです。私から話しかけたら怖がられるかなとか、そういうマイナスなことばかり考えてしまって自分から行動することができません。どうすればいいですか。
♡なな♡17歳♡学生

大丈夫！ **女子から話しかけてもらうのってうれしいものよ**。恐れずにいってみよう！

#TITLE

愛に飢えてた幼少期、
あの頃の私に伝えたい。
「もう泣かなくていいよ」って

物心ついた頃から家にはいつも、
母、私、妹、弟の4人が暮らしていました。
自由人だった父とは、普段ほぼ会うことができなかったので、
私は幼い頃よく母に

「なぜうちにはお父さんがいないの？
よその家は夜になったら
お父さんが家に帰ってくるらしい！」

「ふつう、学校がお休みの日は
お父さんが家にいるんだって」

って、そんなことを母に言っては困らせていた記憶があります……。

母が3人の子供たちを女手一つで育ててくれた。

母の背中はとてもたくましくて、私はその背中を見て育った。

母が人としての常識や礼儀を、

いつも厳しく私たちに教えてくれたおかげで、

大人になってから、母の言葉や教えてくれたことに

救われたことがたくさんあります。

明るくて天然でお人好しで、

でも誰よりも根性と忍耐力があってカッコいい母。

決して恵まれた家庭環境ではなかったけど、

母の背中、父の背中

それぞれを見せてくれたおかげで、

時にはそれを反面教師としてここまで生きてきた私がいます。

絶対に関係修復しないと思っていた母と父。

だけど私の結婚式の数か月前、

本当に偶然に二人が同時に東京に来ることになり、

そこで父と母は数十年ぶりに再会。

EMIKO ESSAY PART 7

私の目の前で父が母に、当時のことを素直に謝っていたり、

それを聞いてほんのり照れてる母の姿。

そんな光景が見られる日がまた来るとは思わず、

私は旦那の前で泣いてしまった。

幼少期のえみこ〜、

今は辛いしさみしいと思うけど、

今一生懸命耐えれば未来は明るいからね。

大人になったえみこの目の前で、

ママとパパが今笑ってるよ。

そして、えみの隣には

えみを寂しくさせない、

毎日仕事が終わると走って17時に家に帰ってきてくれる、

週末は家族と一緒に時間を過ごしてくれる旦那さんがいて、

とっても愛されてるよ。

だからもう泣かないでいいよ。

そう伝えたいです。

TALK ABOUT "MY JOB"

EMIKO ESSAY PART 8

#TITLE

相手の態度を変えたいときは まず自分が変わることが大事

私のお仕事にまつわる、ちょっと真面目な話をここで。

かれこれ8年前、私はアパレル会社に就職。

その後、部下が誰も私について来てくれず、

孤立して挫折しかけたつらい時代がありました。

私が初めて「上司」という立場を経験したのは、

5年間勤めたアパレル会社での店長でした。

そこで、その後の人生でも大いに役立った「対人関係」を築くための

ノウハウを身につけました。これは私にとって大切な経験。

当時勤めていた大分から転勤し、福岡の店舗で私は副店長をしていました。

とても厳しい店長の下で働き、

もはや修行のような日々を過ごしていました。

その店長は社歴も長く、厳しいながらもとても尊敬できる人でした。

私は毎日「必死で仕事を覚えよう！ 技を盗もう！」と懸命に食らいつく日々。

約2年をかけてやっと店長に評価してもらえるようになり、

私はついに大分店の店長として地元に戻ることになりました。

「マニュアルに忠実で厳しい店長のやり方＝正しい運営方法」

そう思っていた私は当たり前のように、

大分店の部下達にも私が経験したような厳しいやり方で指導を始めました。

すると、びっっっくりするほど誰もついてきてくれない。

むしろ超嫌われ者になってしまった。

店長になって早々、完全に孤立して途方に暮れました（笑）。

私がいた福岡店では当たり前だったこと、

店長が教えてくれた通りのマニュアルにそって

上手くやっているはずなのに、

なぜ全員に嫌われちゃって誰もついてきてくれないの？

どんなに自分が店長らしくしても、すればするほど嫌われていく。

そして恐れられていく……。もうお店の空気は絶望的でした。

心の底から、

「自分は上に立つ立場は向いていない。」
「店長になったことが間違っていたんだ。」

そう思っていました。

でも、ある日

「てか、マニュアルとかクソじゃね？ www

厳しくしたからって下がついてきてくれるような時代じゃなくね？

今って令和じゃん。昭和じゃねーのよ。

あーーー店長っぽい自分を演じるのも疲れた〜！！！」

ってなって。(笑)

みんなと仲良くなりたい！！！！
私のお店の子たちはどの店舗よりも
楽しく働いてもらいたい！！！

そんな自分の気持ちに素直になって、

少しずつ私の部下たちへ対する態度を変えてみたの。

まずやってみたのは

☑ あだ名or下の名前で呼ぶ

☑ 年下スタッフにはあえて敬語を使わない

☑ 残業なんてするな！　全員定時で帰る店を徹底

☑ 夜、飲みやご飯に誘ってみる

☑ とにかく部下の働きやすい環境は私が守る

☑ 一人ひとりに毎日感謝の言葉を伝える

私がもっとみんなからフランクに絡んでもらえるよう、自分から歩み寄ってみたの。

私が変わると、お店のスタッフの態度も空気もすぐに変わり始めました。

気づいたら社員の子やバイト生、

インターン生も含めて毎日毎晩みんなで遊ぶような関係になり、

むしろ友達よりも親しい仲間になった。

全員が私に夢を話してくれるようになり、

私がその夢に向かって店長としてできることを

全力で動いて応援させてもらって、

最高の仲間と最高の環境を作り上げることができたの。

「他人は自分を映す鏡」 なんて言葉があるけど、その通りだなって思った。

相手を変えたければまず自分が変わるしかない。

そして、

今どきの子には、今どきのモチベーションの上げ方がある。

現場で人の気持ちを読み取って、どう関わっていくかが全て。

だからマニュアルとか、まじで意味ない。

私は説明書が大っ嫌い！！！

マニュアル人間が大っ嫌い！！（笑）

このときの店長経験が、

私が対人関係を築く上で、今も大事にしてる事にとても直結してるの。

当時の部下ちゃん達とは今でも大親友並みに仲良しです♡

一生自慢の、私のかけがえのない大切な仲間です！

(HIRU NO STREET SANPO)

私を信じてくれる人だけを大切にする。
その他はどうでもいい。
そうすると、自然と周りに生きやすい空間が
広がってるって最近思うよ。

(HIRU NO STREET SANPO)

年齢は経験値。
歳を重ねるたびにどんどん素敵になってる。
いつも自分に自信を持って、自分をほめてあげて。

(HIRU NO STREET SANPO)

ネガティブな感情や環境から
　　　プラスは生まれない。
今すぐ逃げて。

(HIRU NO STREET SANPO)

行動もしないで、
人に嫉妬したり
アンチしたりするやつ。
ダサすぎる。笑

(HIRU NO STREET SANPO)

(HIRU NO STREET SANPO)

(HIRU NO STREET SANPO)

垢抜けって無限大！
自分の可能性って
ほんと無限大なの。信じて。

えみ姉、結婚しました!!

SNSや配信ではすでにご報告済みですが、2023年9月2日に結婚式を挙げました！
一生に一度の大切な日、そしてめちゃくちゃ盛れてる写真の数々！
ちょっとだけどお見せします。

モチマメと一緒に
家族写真・・・♡

BRIDAL NAIL

↑ネイルはいつもお願いしているmikaさん。
[instagram @ nailist_mika]

←2人の思い出、沖縄で撮った写真。

WEDDING DISPLAY

↑かわいいお花と一緒にふたりの歴史の写真を飾って。

→お色直しの赤系ドレスに合わせてお花も赤系で♡

WEDDING DRESS

↑ほっぺにチューの5秒前♡(笑)

←ヘアもレースのリボンで清楚にかわいく仕上げて。

OFF SHOT! OFF SHOT! OFF SHOT! OFF SHOT! OFF SHOT! OFF SHOT! OFF SHOT! OFF SHOT! OFF SHOT!

このヘアめっちゃお気に入り！

PCでモニターチェックしながら撮るよ

OFF OFF OFF
撮影の裏側

HAIR MAKE

このCAPスタイルの後ろ姿も♡LOVE♡

この日めっちゃ暑かった

SHOT! SHOT! SHOT!

夕方の風が気持ちよ〜

IN OKUJOU

宝島社の屋上にて〜!

この本のグラビア撮影はほんとに楽しかった。お酒飲んだり、ちょっと遠くにお出かけしたり、モチ&マメとも撮影できたり。そんな舞台裏をちょっとだけ公開!

ほろ酔い撮影、ホントに飲んでます

HORO YOI

今夜は飲むよ!

うっっま！

レトロな街に舞い降りた アイドル的な w

IN SHIBAMATA

葛飾柴又の商店街にて

人生初のグラビア撮影！

このデニムの写真めっちゃお気に入り！

フォトグラファー白木さん マジ写真天才！

GRAVURE

157

おわりに

みんながせっかく私を
見つけ出してくれたから

#CONCLUSION

この本を手に取って、

今この小さな文字を読んでくれてるってことに、

あなたが私を知ろうとしてくれてるってことだよね。

本当にうれしい（ ;; ）

まずこの場で伝えたいことに、

ごまんといる活動者の中からえみ姉に出会ってくれて、

私に居心地の良い居場所を用意してくれてありがとう。

活動を始めた当初から今まで応援し続けてくれてる人、

最近えみ姉の存在を知って好きになってくれた人、

みんながいてこそ、

この世界で息をすることができる、それが私の職業です。

みんなから与えてもらえることが日々多すぎるからこそ、

私は出会ってくれた人にとっての一番の味方で居続けます。

せっかく私を見つけ出してくれたのだから、

えみ姉の動画やファンのみんなとの交流をきっかけに、

自分のことを好きになれたり、
自分の良いところに気付けたり、
一歩踏み出す勇気になったり。

そんなみんなの背中を押し続ける存在でいたい。いや、いる。

私と出会った以上、好きでいてくれる以上
あなたにはポジティブで
ハッピーで最強なマインドでいてもらいます！
これは絶対。私の公約。

今、私の活動はSNSの中がメインだけど、
これからもっと直接、
みんなに元気や活力を届けられる活動がしたいなぁ。

いつもみんなへの感謝の気持ちで頭の中がいっぱいだよ。
こんな気持ちにさせてくれて本当にありがとう。

身体は遠いけど、心は誰よりも近い存在、
そんなお姉ちゃんだってこと覚えててね。

私のことを好きで居続けてくれる以上、
私もあなたのことが大好き。
あなたの幸せを一番に願ってます。

おわりの言葉にかえて。　　　　　　　　　　　2023年10月　えみ姉より

PROFILE

えみ姉

1994年10月28日生まれ。大分県出身。パティシエ、アパレル店の店長などを経て、SNSを中心に活動を開始。主に女性からの圧倒的な支持を得るインフルエンサーとしてYouTubeのチャンネル登録者数は約47万人、Instagramのフォロワー数は21万人を超える（2023年10月現在）。YouTubeでは、人には相談しにくい性やカラダに関する悩み、また人生の悩みなどを視聴者から募集し、その質問に回答していくという視聴者参加型の企画が特に人気。「みんなのお姉ちゃん」的存在として信頼を得ている。

衣装協力

・ダーリッチ　03-6804-6689
・GRL　https://www.grail.bz
・Shelly de Titi　shellycetiti@gmail.com
・ラヴィジュール ルミネエスト新宿店　03-3358-7790

STAFF

PHOTOGRAPH [写真]

英里 [カバー・P38 〜 P55・P124 〜 P149]
白木努（Peace Monkey）[P4 〜 P33・表4]
中村圭介 [P92 〜 P101]
七島アキラ [P62 〜 P77]

STYLING [スタイリング]

tommy [P38 〜 P55・P124 〜 P149・表2]
柾木愛乃 [P4 〜 P33・表4]

PROPS STYLING [プロップス・スタイリング]

石川日香莉 [P4 〜 P33]

HAIR&MAKE-UP [ヘアメイク]

木部明美（Peace Monkey）[P4 〜 P33・表4]
坂本怜加（allure）[P124 〜 P149]
takane（allure）[カバー・P38 〜 P55]
茂木美鈴 [P62 〜 P77]

ART DIRECTION [アートディレクション]

猪野麻梨奈

EDIT [編集]

松島由佳（コサエルワーク）
石田智美

LOCATION [ロケ地]

Riverside Cafe Cielo y Rio [P4 〜 P31]

MANAGEMENT [マネージメント]

M-YOU 株式会社

ありのままの自分を愛して生きると人生めっちゃ楽しくなるよ
2023年11月8日　第1刷発行

著　者　えみ姉
発行人　蓮見清一
発行所　株式会社宝島社
　　　　〒102-8388
　　　　東京都千代田区一番町25番地
　　　　電話：（編集）03-3239-0928
　　　　　　　（営業）03-3234-4621
　　　　https://tkj.jp

印刷・製本　三松堂株式会社
本書の無断転載・複製を禁じます。
乱丁・落丁本はお取り替えいたします。
©eminee 2023
Printed in Japan
ISBN 978-4-299-04444-0